AF346721

33

LOI DU 20 MAI 1838

SUR LES VICES ET ACTIONS RÉDHIBITOIRES,

SUIVIE

D'UN TRAITÉ

de Clinique Vétérinaire

A L'USAGE

des Éleveurs et Propriétaires de Bestiaux,

PAR

M. Félix THÉBAUD, Avocat.

LAVAL,

Imprimerie de LÉON MOREAU, rue Napoléon.

1848.

LOI DU 20 MAI 1838

Sur les Vices et Actions

RÉDHIBITOIRES.

CHAPITRE Iᵉʳ

Les vices rédhibitoires sont principalement relatifs aux animaux, aux marchandises.

Jusqu'à présent, cette matière avait présenté de graves difficultés.

Le Code civil en traitant de la garantie des défauts de la chose vendue, était muet sur les cas qui devaient être réputés vices rédhibitoires; et il résultait de là que, dans chaque localité, ils étaient abandonnés à la connaissance de l'homme de l'art, ce qui occasionnait de nombreux procès pour le délai dans lequel devait être intenté l'action résultant de ces vices.

— 4 —

Le Code civil s'en référait à l'usage des lieux
où la vente avait été faite.

Ce délai variait suivant les différents pays et
suivant la nature des choses vendues. Il était
de 40 jours dans la coutume d'Orléans, de 30
en Normandie, de 15 en Bretagne, de 9 dans
le ressort du parlement de Paris et dans celui
de Pau, et de 8 jours dans la coutume du
Bourbonnais.

Le Législateur moderne a donc senti le be-
soin et la nécessité de réformer cette diversité
de coutumes par une Loi qui réglât la matière
d'une manière uniforme pour toute la France.

Voici le texte de cette Loi :

Art. 1er — Sont réputés vices rédhibitoires
et donneront seuls ouverture à l'action résultant de l'article 1641 du Code civil, dans les
ventes ou échanges des animaux domestiques
ci-dessous dénommés, sans distinction des
localités où les ventes ou échanges auront
lieu, les maladies ou défauts ci-après. savoir :

Pour le Cheval, l'Ane et le Mulet, la fluxion
périodique des yeux, l'épilepsie ou le mal

caduc, la morve, le farcin, les maladies anciennes de poitrine ou vieilles courbatures, l'immobilité, la pousse, le cornage chronique, le tic sans usure des dents, les hernies inguinales intermittantes, la boiterie intermittante pour cause de vieux mal.

Pour l'espèce bovine : la phthisie pulmonaire ou pommelière, l'épilepsie ou mal caduc, les suites de la non délivrance, le renversement du vagin ou de l'utérus après le port chez le vendeur.

Pour l'espèce ovine : la clavelée ; cette maladie reconnue chez un seul animal entraînerait la rédhibition de tout le troupeau. La rédhibition toutefois n'aura lieu que si le troupeau porte la *marque du vendeur*. Le sang de rate ; cette maladie n'entraînera la rédhibition du troupeau, qu'autant que dans le délai de la garantie, la perte constatée s'élèvera au quinzième au moins des animaux achetés. Dans ce dernier cas, la rédhibition n'aura lieu également que si le troupeau porte la marque du vendeur.

ART. 2. — L'action en réduction du prix,

autorisée par l'article 1644 du Code civil, ne pourra être exercée dans les ventes et échanges d'animaux énoncés dans l'article 1er.

Art. 3. — Le délai pour intenter l'action rédhibitoire sera, non compris le jour fixé pour la livraison, de 30 jours pour le cas de fluxion périodique des yeux et d'épilepsie ou mal caduc, de 9 jours pour les autres cas.

Art. 4. — Si la délivrance de l'animal a été effectuée, ou s'il a été conduit dans les délais ci-dessus hors du lieu du domicile du vendeur, au lieu où l'animal se trouve.

Art. 5. — Dans tous les cas, l'acheteur, à peine d'être non recevable, sera tenu de provoquer, dans les délais de l'article 3, la nomination d'experts chargés de dresser procès-verbal. La requête sera présentée au Juge de Paix du lieu où se trouvera l'animal. Le Juge nommera immédiatement, suivant l'exigence des cas, un ou trois Experts qui devront opérer dans le plus bref délai.

Art. 6. — La demande sera dispensée du préliminaire de conciliation, et l'affaire instruite et jugée comme en matière sommaire.

Art. 7. — Si pendant la durée des délais fixés par l'article 3, l'animal vient à périr, le vendeur ne sera pas tenu de la garantie, à moins que l'acheteur ne prouve que la perte de l'animal provient de l'une des maladies spécifiées dans l'article 1er.

Art. 8. — Le vendeur sera dispensé de la garantie résultant de la morve et du farcin pour le Cheval, l'Ane et le Mulet, et de la clavelée pour l'espèce Ovine, s'il prouve que l'animal, depuis sa livraison, a été mis en contact avec des animaux atteints de ces maladies.

CHAPITRE II.

OBSERVATIONS DE CLINIQUE VÉTÉRINAIRE.

Le devoir du vétérinaire ne doit pas seulement se borner à rétablir l'équilibre dérangé dans l'organisation animale ; il est encore d'autres obligations qui lui sont imposées et dont il ne saurait s'affranchir sans faillir à sa conscience, nuire aux intérêts généraux de la contrée et surtout à ceux des personnes qui ont recours aux lumières dont il peut disposer.

Ces obligations consistent à porter à la connaissance des cultivateurs les causes connues et appréciées des diverses affections qui se déclarent chez les animaux domestiques, ainsi que les moyens à employer pour les prévenir. Je n'insisterai pas sur les avantages qui sont attachés à l'accomplissement de sages mesures hygiéniques. Qui se refuserait, en effet, à reconnaître qu'il vaut mieux prévenir les affections que d'attendre leur développement et s'exposer à courir les chances d'un traitement toujours coûteux et malheureusement trop souvent infructueux ?

L'hygiène se trouve dans l'emploi de tous les moyens propres à donner aux animaux un tempéramment susceptible de résister aux fatigues de leur service quotidien, comme à toutes les causes inhérentes aux variations athmosphériques, et à les maintenir en bon état de santé. C'est en soignant l'enfance et en nourrissant convenablement les bestiaux de tout âge et de toute race que l'on peut espérer atteindre ce but.

Quant aux causes des maladies que l'homme fait naître, elles sont nombreuses et toujours meurtrières.

Elles ont leur origine dans le mauvais emploi des forces des animaux, dans la manière de les loger, dans la forme et la nature, ainsi que dans la qualité et quantité des aliments de toutes espèces; et il est toujours possible et souvent facile à l'homme d'éviter la plus grande partie de ces causes des maladies.

Il faut d'abord avoir soin d'être toujours pourvu, en proportion du bétail qu'on a à nourrir, d'une quantité suffisante d'aliments convenables et sains. Rien n'est plus pernicieux que les aliments altérés.

Ainsi, les aliments les plus économiques sont la luzerne et les trèfles secs et verts. Ces plantes fourragères fournissent des aliments de bonne qualité, quand on n'en fait pas abus. Mais malheureusement les propriétaires tombent dans ce défaut; de là, des affections rebelles et fréquentes sur les animaux qui en font leur unique nourriture.

Je citerai les prairies artificielles données à discrétion , comme étant la cause principale de la fluxion périodique, vulgairement appelée lunatique, et qui rend tant de chevaux borgnes et aveugles ; elles occasionnent aussi des indigestions avec vertiges, surtout quand vient s'y joindre l'usage partout contracté, d'envoyer le matin, à la rosée, ou le soir, après les avoir détélés, les chevaux et autres bestiaux sur des tréflières et luzernières plus ou moins abondantes ; ces indigestions sont souvent accompagnées de gonflement.

On préviendra ces affections en en faisant cesser les causes. Un moyen facile d'y arriver consiste à mélanger le trèfle avec une plus ou moins grande quantité de foin naturel ou de paille de bonne qualité et à raffraîchir les chevaux au moyen d'un barbotage journalier donné à midi ou à toute autre heure.

Ce barbotage sera très-clair et fait avec 2 jointées de farine d'orge et deux de son par cheval.

Il est des plantes et des racines dont les produits sont abondants et qui, propagés dans les contrées de l'Ouest et du Nord, aideront à faire cesser les ravages qu'occasionnent les maladies dont je viens de parler. C'est la chicorée sauvage, le maïs, la carotte, la betterave et la pomme de terre.

La chicorée sauvage vient dans les terres de coteaux ; tous ceux qui l'ont cultivée n'ont eu qu'à s'en louer, surtout comme fourrages verts.

Les semis du maïs sont aussi d'un haut intérêt pour les bêtes à corne ; car non-seulement il leur est très-salutaire, mais encore il les engraisse en augmentant leur produit.

La carotte est une plante de grande ressource. Outre qu'elle fournit des produits abondants, elle a des propriétés médicinales et nutritives qui lui donnent une haute importance pour tempérer l'action échauffante des fourrages de prairies artificielles, administrés secs.

La betterave et la pomme de terre, dont la culture a pris une heureuse extension depuis quelques années, sont également des racines et tubercules qui fournissent aux cultivateurs les moyens d'hiverner et engraisser économiquement leurs animaux.

Un soin très-essentiel à la santé des bestiaux et autres animaux domestiques, c'est le pansement de la main, qui consiste dans l'action, trois fois par jour, d'étriller, brosser, bouchonner, peigner, éponger les animaux. On fait assez journellement ces pansements sur le cheval et le mulet, très-rarement sur les bœufs et vaches, jamais sur l'âne. En nettoyant ainsi la peau des substances impures qui s'y attachent, on garantit les animaux des dartres, des eaux aux jambes, du farcin et des maladies inflammatoires. On facilite la digestion ; ils deviennent plus gais, plus dispos et plus propres aux divers services. Tandis que, étant couverts de crasse, ils sont tristes et en quelque sorte honteux de leur état.

CHAPITRE III.

TRAITEMENT.

GONFLEMENT.

Faites avaler à grandes gorgées 25 grammes d'ammoniac liquide dans un litre d'eau fraîche, ou, ce qui n'est pas plus cher : un mélange d'un litre par parties égales de vinaigre et d'huile, ou enfin un ou deux litres d'eau de lessive faite immédiatement avec la cendre bouillie.

INDIGESTION DU CHEVAL OU DU MULET.

On mélangera dans 3[4 de litre d'eau fraîche 10 à 14 grammes d'ammoniac, ou bien 18 à 20 grammes d'éther sulfurique dans une infusion refroidie, préparée avec des fleurs pectorales ; à défaut d'éther, on y suppléera par 25 grammes d'élixir de longue vie, ou de la grande chartreuse. M. Guttin conseille aussi les infusions de thé vert et de fleurs de camomille, dans lesquelles on ajoutera 9 grammes de tartre stibée, sans oublier l'emploi d'un grand nombre de lavements émoliens faits avec la guimauve, la mauve et la graine de lin.

Pour l'âne, ces substances sont les mêmes, mais à moins fortes doses, avec recommandation de soumettre les animaux malades à un exercice modéré.

COLIQUES

Sel d'Epsom. . . . . 60 grammes.
Sel de nitre 30

Trois jaunes d'œuf.

Miel .... 55 grammes.

Infusion de fleurs de mauves.. 2 litres.

Dissoudre toutes ces substances dans cette infusion et les donner à l'animal malade.

Ou bien encore administrer de l'huile d'olive, 1⁞2 litre; absynthe 65 grammes; les deux substances mélangées ensemble.

AUTRE TRAITEMENT.

Têtes de pavot............. 4 grammes.

Racines de guimauves ou mauves.................. 70

Jaunes d'œuf 3

Huile d'olive.............. 120

Miel de bonne qualité....... 130

Eau ordinaire............. 2 litres.

Faire bouillir les deux premières substances : avant de les administrer à l'animal, il faut y ajouter les trois autres.

Si les causes des coliques dont les animaux peuvent être atteints étaient dûes à une rétention d'urine, l'on se hâterait de prendre un morceau de porreau saupoudré de poivre et de l'introduire dans le canal de l'urètre. Pour les juments et autres femelles, il faudra le faire pénétrer jusqu'au méaturinaire.

Le traitement précisé restant sans succès, on introduira la main dans le rectum, après l'avoir bien huilé, dans le but de faire une pression à la vessie d'avant en arrière pour faciliter l'évacuation du liquide qu'elle contient. Dans ces mêmes maladies, il faut insister sur l'administration des lavements préparés avec la mauve et du lait.

La promenade s'en suivra.

FIN.

www.ingramcontent.com/pod-product-compliance
Lightning Source LLC
LaVergne TN
LVHW050235180726
843501LV00014BA/4315